I0479926

el medio ambiente de la tierra

Considering Environmental Resources

By Sandra Hayes

Contenido

Capítulo 1: Universo

El universo es todo el espacio y todo lo que hay en él, incluida toda la materia, la energía y las galaxias. Se cree que se originó con el Big Bang hace aproximadamente 13.800 millones de años y se ha ido expandiendo desde entonces. El universo contiene innumerables galaxias, estrellas, planetas y otros cuerpos celestes, así como materia oscura y energía oscura, que actualmente los científicos no comprenden bien. Nuestra comprensión del universo evoluciona constantemente a medida que se realizan nuevos descubrimientos a través de observaciones y experimentos.

¿Cómo llegamos a conocer el universo como lo conocemos hoy?

Nuestra comprensión del universo ha evolucionado con el tiempo, desde creencias y mitos antiguos hasta teorías y observaciones científicas modernas. Aquí hay una breve descripción de cómo se ha desarrollado nuestro conocimiento del universo:

Civilizaciones antiguas: Las civilizaciones antiguas, como los griegos y los babilonios, observaron y registraron los movimientos de las estrellas y los planetas. Desarrollaron modelos para explicar estos movimientos, como el modelo geocéntrico, que colocó a la Tierra en el centro del universo.

Renacimiento: Durante el Renacimiento, los avances en matemáticas y astronomía llevaron al desarrollo del modelo heliocéntrico, que colocó al Sol en el centro del sistema solar. Este modelo fue propuesto por Nicolaus Copernicus y posteriormente refinado por Johannes Kepler .

Ilustración: La era de la Ilustración vio nuevos avances en la astronomía, como el descubrimiento de las leyes del movimiento por parte de Sir Isaac Newton. Estas leyes permitieron a los científicos calcular las órbitas de los planetas y predecir sus movimientos.

Era moderna: En la era moderna, los astrónomos han utilizado instrumentos cada vez más sofisticados para observar y estudiar el universo. Los telescopios y otros instrumentos nos han permitido observar galaxias y estrellas distantes y estudiar las propiedades de la materia y la energía en todo el universo. El desarrollo de nuevas tecnologías como sondas espaciales y satélites también nos ha permitido explorar el sistema solar y más allá.

Comprensión actual: nuestra comprensión actual del universo se basa en las teorías de la física moderna, como la teoría de la relatividad y la mecánica cuántica. Estas teorías nos han ayudado a comprender el comportamiento de la materia y la energía en las escalas más pequeña y más grande. Los científicos continúan estudiando el universo y desarrollando nuevas teorías y modelos para explicar sus propiedades y evolución.

En resumen, nuestro conocimiento del universo ha evolucionado con el tiempo a través de la observación, la experimentación y la investigación científica, lo que ha dado lugar a modelos y teorías cada vez más sofisticados que nos ayudan a comprender el universo tal como lo conocemos hoy.

Cómo se mantiene encendida una estrella ?

Una estrella se mantiene encendida por el proceso de fusión nuclear, que ocurre en su núcleo. La presión y la temperatura extremas en el núcleo de una estrella hacen que los núcleos de los átomos de hidrógeno se fusionen para formar átomos de helio, liberando una enorme cantidad de energía en el proceso.

El proceso de fusión en una estrella requiere una temperatura de millones de grados Celsius y una presión inmensa para superar la repulsión electrostática entre los núcleos atómicos cargados positivamente. La presión la proporciona la masa de la estrella, que crea una fuerza gravitatoria que comprime el núcleo y eleva su temperatura.

A medida que la estrella se quema, convierte gradualmente el hidrógeno de su núcleo en helio, y la energía liberada por este proceso es lo que evita que la estrella colapse por su propia gravedad. Dependiendo de la masa de la estrella, este proceso puede continuar durante miles de millones de años, hasta que se agota el hidrógeno en el núcleo y la estrella comienza a sufrir otras reacciones nucleares que eventualmente conducen a su muerte.

¿Qué reside en el medio del universo?

En lo que respecta a nuestra comprensión actual del universo, no hay un "medio" en el universo. Se cree que el universo es homogéneo e isotrópico a escalas muy grandes, lo que significa que se ve aproximadamente igual en todas las direcciones y no tiene centro ni borde.

De hecho, según la teoría del Big Bang, el universo comenzó como un punto caliente, denso e infinitamente pequeño llamado singularidad, que se expandió rápidamente en todas direcciones. Desde entonces, el universo ha continuado expandiéndose, pero no existe un punto central de expansión o un marco de referencia preferido que pueda identificarse como el "medio" del universo.

Por lo tanto, el concepto de un medio del universo no es aplicable en la cosmología moderna.

Cómo son los ambientes de los planetas interiores?

Los planetas interiores, también conocidos como planetas terrestres, son los cuatro planetas más cercanos al Sol: Mercurio, Venus, la Tierra y Marte. Cada uno de estos planetas tiene un entorno único, pero todos comparten algunas características comunes debido a su proximidad al Sol.

Mercurio es el planeta más pequeño e interior del sistema solar. Su entorno se caracteriza por fluctuaciones extremas de temperatura, con temperaturas que van desde -290 grados Fahrenheit (-180 grados Celsius) hasta 800 grados Fahrenheit (430 grados Celsius) debido a su proximidad al sol. La superficie del planeta está llena de cráteres y no hay atmósfera de la que hablar.

Venus es el segundo planeta desde el Sol y, a menudo, se lo conoce como el planeta hermano de la Tierra debido a su tamaño y composición similares. Sin embargo, su entorno es muy diferente al de la Tierra. Venus tiene una atmósfera espesa y tóxica compuesta principalmente de dióxido de carbono, con nubes de ácido sulfúrico que oscurecen por completo la superficie del planeta. La temperatura en Venus puede alcanzar hasta 864 grados Fahrenheit (462 grados Celsius), lo que lo convierte en el planeta más caliente del sistema solar.

La Tierra, el tercer planeta desde el Sol, tiene un entorno único que sustenta una amplia variedad de formas de vida. La atmósfera de la Tierra está compuesta principalmente de nitrógeno y oxígeno, con pequeñas cantidades de otros gases como el dióxido de carbono, el metano y el vapor de agua. La temperatura del planeta varía según la ubicación y la estación, pero la temperatura promedio es de alrededor de 59 grados Fahrenheit (15 grados Celsius).

Marte es el cuarto planeta desde el Sol y a menudo se le llama el "Planeta Rojo" debido a su color oxidado. Su entorno es similar al de Mercurio en que tiene una atmósfera delgada y fluctuaciones de temperatura debido a su distancia del Sol. Sin embargo, Marte tiene una atmósfera más importante que Mercurio, compuesta principalmente de dióxido de carbono, y su superficie está marcada por valles, cañones y cráteres de impacto.

En general, los planetas interiores tienen ambientes únicos que están fuertemente influenciados por su proximidad al Sol. Estos planetas van desde ambientes extremadamente cálidos y hostiles como Venus hasta ambientes más hospitalarios como la Tierra.

¿Cómo se ven las cosas en los planetas exteriores?

Los planetas exteriores, también conocidos como gigantes gaseosos, son Júpiter, Saturno, Urano y Neptuno. Estos planetas son muy diferentes de los planetas interiores rocosos, como la Tierra, Marte, Venus y Mercurio, y en su mayoría están compuestos de gas y hielo.

Júpiter es el planeta más grande del sistema solar y tiene una atmósfera espesa con bandas visibles de nubes y tormentas, incluida la famosa Gran Mancha Roja. También tiene un fuerte campo magnético y muchas lunas, incluidas las cuatro más grandes conocidas como lunas galileanas.

Saturno es famoso por sus hermosos anillos, que están formados por partículas de hielo y polvo. También tiene una atmósfera similar a la de Júpiter, con bandas visibles de nubes y tormentas, así como muchas lunas, incluida Titán, la segunda luna más grande del sistema solar.

Urano y Neptuno a menudo se denominan gigantes de hielo porque están compuestos principalmente de hielo de agua, metano y amoníaco. También tienen sistemas de anillos tenues y muchas lunas. Urano es único porque gira de lado, lo que provoca variaciones estacionales extremas. Neptuno tiene los vientos más fuertes del sistema solar, alcanzando velocidades de hasta 1200 millas por hora.

En general, los planetas exteriores son muy diferentes entre sí, pero todos son fascinantes y hermosos a su manera. Nuestra comprensión de estos planetas continúa evolucionando a medida que enviamos más naves espaciales para estudiarlos.

¿Qué otras entidades hay en nuestro sistema solar?

Además del Sol y la Tierra, nuestro sistema solar tiene una variedad de otras entidades, que incluyen:

1. Planetas: hay ocho planetas en nuestro sistema solar, enumerados en orden desde el sol: Mercurio, Venus, la Tierra, Marte, Júpiter, Saturno, Urano y Neptuno.

2. Planetas enanos: hay cinco planetas enanos reconocidos oficialmente en nuestro sistema solar: Ceres, Plutón, Haumea , Makemake y Eris.

3. Lunas: hay más de 200 lunas conocidas en nuestro sistema solar, y la mayoría de ellas orbitan alrededor de los gigantes gaseosos. La luna más grande de nuestro sistema solar es Ganímedes, que orbita alrededor de Júpiter.

4. Asteroides: Los asteroides son objetos rocosos que orbitan alrededor del sol, la mayoría de los cuales se encuentran en el cinturón de asteroides entre Marte y Júpiter. Algunos asteroides son lo suficientemente grandes como para ser considerados planetas enanos.

5. Cometas: los cometas son objetos helados que se originan en el sistema solar exterior y ocasionalmente ingresan al sistema solar interior. Cuando se acercan al sol, desarrollan una cola de gas y polvo.

6. Objetos del cinturón de Kuiper: el cinturón de Kuiper es una región del sistema solar más allá de la órbita de Neptuno que alberga muchos objetos helados, incluidos planetas enanos y cometas.

7. Oort Objetos en la nube : La Nube de Oort es una región hipotética del sistema solar mucho más allá del Cinturón de Kuiper que se cree que alberga billones de objetos helados. Se cree que algunos cometas se originan en el Oort nube _

Capítulo 2: Dentro de la Tierra

El interior de la Tierra se puede dividir en varias capas según su composición y propiedades físicas. Las capas son:

Corteza : La capa más externa de la Tierra se llama corteza. Es una fina capa de roca sólida que cubre toda la superficie de la Tierra. La corteza se compone de dos tipos de rocas: continentales y oceánicas.

Manto : El manto es la capa debajo de la corteza y es la capa más grande de la Tierra. Está formado por rocas calientes, densas y en su mayoría sólidas que fluyen lentamente durante millones de años. El manto se divide en dos partes: el manto superior y el manto inferior.

Núcleo exterior : El núcleo exterior es una capa de hierro líquido y níquel que rodea el núcleo interior. Es responsable de generar el campo magnético terrestre.

Núcleo interno: El núcleo interno es la capa más interna de la Tierra y se cree que es una bola sólida de hierro y níquel con un radio de aproximadamente 1220 km. Está bajo una presión y temperatura inmensas, estimadas en alrededor de 5500 °C (9932 °F), lo que la convierte en la parte más caliente de la Tierra.

Los científicos han aprendido sobre el interior de la Tierra mediante el estudio de las ondas sísmicas generadas por los terremotos. Estas ondas pueden viajar a través de las capas de la Tierra y proporcionar información sobre su composición y estructura.

¿Qué impacto tiene la estructura interna de la Tierra en su temperatura?

La estructura interna de la Tierra tiene un impacto significativo en su temperatura. El interior de la Tierra está dividido en varias capas, incluido el núcleo interno, el núcleo externo, el manto y la corteza. La temperatura de cada una de estas capas varía según una variedad de factores, incluida la formación de la Tierra, la descomposición radiactiva y las corrientes de convección.

El núcleo interno de la Tierra es la capa más caliente, con temperaturas que alcanzan los 5500 grados Celsius (9932 grados Fahrenheit). El calor en el núcleo interno es generado por la descomposición de los isótopos radiactivos, lo que produce una enorme cantidad de energía. El núcleo externo también es muy caliente, con temperaturas que alcanzan los 4000 grados Celsius (7232 grados Fahrenheit), y es responsable de generar el campo magnético de la Tierra.

El manto, que se encuentra entre el núcleo exterior y la corteza, también es caliente, con temperaturas que van desde los 1000 a los 3700 grados Celsius (1832 a 6692 grados Fahrenheit). Este calor es generado por la transferencia de calor desde el núcleo al manto a través de corrientes de convección.

La corteza terrestre, que es la capa más externa de la Tierra, tiene la temperatura más baja de todas las capas, con temperaturas que van desde -25 a 70 grados Celsius (-13 a 158 grados Fahrenheit). La temperatura de la corteza varía según la ubicación y la hora del día.

En general, la estructura interna de la Tierra juega un papel crucial en la determinación de la temperatura del planeta, y la transferencia de calor desde el núcleo a la superficie ayuda a regular el clima de la Tierra y la distribución de energía en todo el planeta.

¿Qué desencadena los volcanes y los terremotos?

Los volcanes y los terremotos se desencadenan por diferentes procesos.

Los volcanes generalmente se desencadenan por el movimiento de las placas tectónicas. Cuando dos placas chocan, una puede ser forzada debajo de la otra en un proceso llamado subducción. A medida que la placa descendente alcanza cierta profundidad, comienza a derretirse debido a las altas temperaturas y presiones en el interior de la Tierra. Esta roca fundida, o magma, sube a la superficie y puede entrar en erupción como un volcán.

Los terremotos también suelen ser causados por el movimiento de las placas tectónicas. Cuando dos placas se frotan entre sí, pueden atascarse y acumular tensión. Eventualmente, esta tensión se libera en forma de terremoto. Los terremotos también pueden ser causados por otros factores, como el movimiento de magma debajo de un volcán o el colapso de cuevas subterráneas.

Es importante tener en cuenta que, si bien ciertos desencadenantes pueden aumentar la probabilidad de erupciones volcánicas y terremotos, son fenómenos naturales que pueden ocurrir sin previo aviso. Los científicos continúan estudiando estos procesos para comprenderlos mejor y predecirlos, pero aún queda mucho por aprender.

¿Qué descubrimiento de la Segunda Guerra Mundial condujo al resurgimiento de la teoría de la deriva continental?

El descubrimiento de la Segunda Guerra Mundial que condujo al resurgimiento de la teoría de la deriva continental fue el mapeo del fondo del océano por sonar durante la guerra. Antes de la guerra, la opinión predominante entre los geólogos era que el fondo del océano era relativamente monótono y consistía en llanuras planas y monótonas. Sin embargo, durante la guerra, los buques de guerra utilizaron el sonar para detectar submarinos y, en el proceso, descubrieron que el fondo del océano era en realidad muy complejo y tenía muchas montañas, valles y cordilleras.

En los años posteriores a la guerra, los científicos utilizaron esta nueva información para desarrollar una mejor comprensión de la tectónica de placas, lo que eventualmente condujo al resurgimiento de la teoría de la deriva continental. Específicamente, descubrieron que el fondo del océano se estaba separando a lo largo de las dorsales oceánicas y que este movimiento era responsable del movimiento de los continentes a lo largo del tiempo. Esta nueva comprensión de la tectónica de placas fue respaldada por una amplia gama de evidencia geológica, incluida la distribución de terremotos y volcanes, las propiedades magnéticas de las rocas y las formas de los propios continentes.

Todos los seres vivos experimentan los efectos de la tectónica de placas ?

Todos los seres vivos se ven afectados indirectamente por la tectónica de placas, pero no todos experimentan sus efectos directamente. La tectónica de placas es la teoría científica que describe el movimiento de grandes secciones de la capa más externa de la Tierra, conocidas como placas. Estas placas se mueven lentamente con el tiempo, chocando, deslizándose entre sí o separándose en los límites entre ellas.

Los movimientos de estas placas pueden tener un impacto significativo en el medio ambiente y los organismos vivos que lo habitan. Por ejemplo, la colisión de dos placas tectónicas puede provocar la formación de montañas, mientras que el movimiento de las placas también puede crear fosas oceánicas, erupciones volcánicas, terremotos y tsunamis.

Los efectos directos de la tectónica de placas se pueden ver en los organismos que viven en regiones de alta actividad geológica, como cerca de volcanes activos, zonas de terremotos y otras áreas donde los límites de las placas están claramente definidos. Algunos organismos pueden haberse adaptado para sobrevivir en tales ambientes, mientras que otros pueden no ser capaces de sobrevivir en condiciones tan extremas.

Sin embargo, indirectamente, todos los seres vivos se ven afectados por la tectónica de placas. Por ejemplo, la tectónica de placas puede influir en los patrones climáticos, el nivel del mar y la distribución de las masas terrestres. Los cambios en estos factores pueden, a su vez, afectar los hábitats y los recursos disponibles para los organismos vivos.

En conclusión, aunque no todos los seres vivos experimentan los efectos directos de la tectónica de placas, todos se ven afectados indirectamente por el movimiento de las placas tectónicas de la Tierra.

Capítulo 3: Atmósfera

La atmósfera es la capa de gases que rodea la Tierra y se mantiene en su lugar por la gravedad. Está compuesto de nitrógeno (alrededor del 78 %), oxígeno (alrededor del 21 %) y pequeñas cantidades de otros gases como el argón, el dióxido de carbono y el neón.

La atmósfera se divide en varias capas, cada una con sus propias características. La capa más baja es la troposfera, donde ocurre la mayor parte del clima y donde vivimos y respiramos. La estratosfera es la siguiente capa, donde se encuentra la capa de ozono, que ayuda a proteger la vida en la Tierra de la dañina radiación ultravioleta. Por encima de la estratosfera se encuentran la mesosfera y la termosfera.

La atmósfera juega varios papeles importantes en el mantenimiento de la vida en la Tierra. Ayuda a regular la temperatura de la Tierra atrapando el calor y reflejando parte de él hacia el espacio. También ayuda a distribuir el calor y la humedad por todo el planeta, lo cual es esencial para el crecimiento de las plantas y la supervivencia de los animales. La atmósfera también proporciona un escudo protector contra la radiación dañina del sol y los desechos espaciales, que de otro modo podrían dañar o destruir la vida en la Tierra.

¿El Efecto Invernadero es beneficioso o perjudicial?

El efecto invernadero en sí mismo es un proceso natural y necesario que mantiene la superficie de la Tierra lo suficientemente caliente como para sustentar la vida. Sin él, el planeta sería demasiado frío para que sobrevivieran la mayoría de los organismos vivos. Sin embargo, las actividades humanas han incrementado la concentración de gases de efecto invernadero en la atmósfera, provocando que el efecto invernadero sea cada vez más fuerte e intenso. Este efecto invernadero potenciado está provocando el cambio climático, que es perjudicial para el planeta y sus habitantes de muchas maneras.

Los principales gases de efecto invernadero responsables del cambio climático son el dióxido de carbono, el metano y el óxido nitroso, que se liberan a la atmósfera por la quema de combustibles fósiles, la deforestación y las prácticas agrícolas, entre otras fuentes. La mayor concentración de estos gases atrapa más calor en la atmósfera, lo que provoca un aumento de las temperaturas globales, el derretimiento de los glaciares y los casquetes polares, fenómenos meteorológicos más frecuentes y severos y la acidificación de los océanos, entre otros impactos.

En general, mientras que el efecto invernadero natural es necesario para la vida en la Tierra, el efecto invernadero intensificado causado por las actividades humanas es dañino y representa una amenaza significativa para el planeta y sus habitantes. Es fundamental que tomemos medidas para reducir las emisiones de gases de efecto invernadero y mitigar los impactos del cambio climático.

¿En qué se parece el calor de la Tierra a un presupuesto familiar?

El calor en la Tierra se puede considerar como un presupuesto familiar de varias maneras. Aquí hay algunas analogías posibles:

Equilibrio: Así como una familia necesita equilibrar sus ingresos y gastos para evitar endeudarse, la Tierra necesita equilibrar la cantidad de energía que recibe del sol con la cantidad de energía que irradia de vuelta al espacio. Cuando la Tierra absorbe más energía de la que irradia, experimenta una ganancia neta de calor, lo que lleva al calentamiento global. Por otro lado, si la Tierra irradia más energía de la que absorbe, experimenta una pérdida neta de calor, lo que lleva al enfriamiento.

Conservación: Del mismo modo, así como una familia podría tratar de conservar sus recursos para llegar a fin de mes, la Tierra tiene procesos naturales que la ayudan a conservar el calor. Por ejemplo, la atmósfera actúa como una manta, atrapando parte del calor que de otro modo se irradiaría al espacio. A esto se le llama efecto invernadero. Sin embargo, al igual que una familia puede tener problemas si recorta demasiado en artículos esenciales como alimentos o atención médica, la Tierra puede experimentar consecuencias negativas si el efecto invernadero se vuelve demasiado fuerte.

Ciclos de retroalimentación: tanto en el presupuesto familiar como en el balance de calor de la Tierra, los pequeños cambios pueden tener grandes efectos con el tiempo. Por ejemplo, si una familia comienza a gastar un poco más de lo que gana, es posible que deba endeudarse para compensar la diferencia. Con el tiempo, esta deuda puede acumularse y volverse más difícil de manejar. De manera similar, si la Tierra absorbe un poco más de calor del que irradia, podría causar que el hielo se derrita, lo que reduce la reflectividad de la Tierra (albedo). Esto, a su vez, puede hacer que la Tierra absorba aún más calor, lo que genera un ciclo de retroalimentación positiva que acelera el calentamiento.

En general, mientras que los detalles de un presupuesto familiar y el balance de calor de la Tierra son bastante diferentes, existen algunas similitudes útiles que pueden ayudarnos a comprender los desafíos involucrados en el manejo de ambos.

Si bien es verano en el hemisferio norte, ¿por qué es invierno allí?

La razón por la que es verano en el hemisferio norte mientras que es invierno en el hemisferio sur se debe a la inclinación del eje de la Tierra y su órbita alrededor del sol.

El eje de la Tierra está inclinado en un ángulo de unos 23,5 grados con respecto a su órbita alrededor del Sol. Esto significa que a medida que la Tierra se mueve alrededor del Sol, diferentes partes del planeta reciben diferentes cantidades de luz solar en diferentes épocas del año.

Durante los meses de verano en el Hemisferio Norte, el Polo Norte está inclinado hacia el Sol, lo que significa que los rayos del Sol son más directos y más concentrados en el Hemisferio Norte. Esto da como resultado temperaturas más cálidas y días más largos en el hemisferio norte, razón por la cual es verano allí.

Al mismo tiempo, el Polo Sur está inclinado alejándose del Sol, lo que significa que los rayos del Sol son más indirectos y menos concentrados en el Hemisferio Sur. Esto da como resultado temperaturas más frías y días más cortos en el hemisferio sur, razón por la cual es invierno allí.

De manera similar, durante los meses de invierno en el Hemisferio Norte, la situación se invierte y el Polo Sur se inclina hacia el Sol, mientras que el Polo Norte se inclina alejándose del Sol. Esto da como resultado temperaturas más cálidas y días más largos en el hemisferio sur, mientras que el hemisferio norte experimenta temperaturas más frías y días más cortos, razón por la cual es invierno allí.

Qué hemisferio es el norte?

El hemisferio norte se encuentra al norte del ecuador, mientras que el hemisferio sur se encuentra al sur del ecuador. Por lo tanto, el hemisferio que está al norte es el hemisferio norte.

¿Cómo se inicia el viento?

El viento es causado por diferencias en la presión atmosférica, que a su vez son creadas por diferencias en temperatura y humedad. Cuando el aire se calienta, se vuelve menos denso y se eleva, creando un área de baja presión. A medida que sube el aire caliente, entra aire más frío para llenar el vacío, creando un área de alta presión. Este movimiento de aire de alta presión a baja presión es lo que sentimos como viento.

Además de las diferencias de temperatura y humedad, el viento también puede verse influenciado por la rotación de la Tierra, la topografía del terreno y la presencia de grandes masas de agua. Estos factores pueden hacer que el aire se mueva en patrones específicos, como los vientos predominantes que soplan en ciertas direcciones en diferentes partes del mundo.

En general, el movimiento del viento es un proceso complejo y dinámico que está influenciado por muchos factores diferentes.

¿Por qué los primeros exploradores valoraban tanto los vientos?

Los primeros exploradores, especialmente aquellos que dependían de los barcos de vela, valoraban mucho los vientos porque eran esenciales para sus viajes. Estos vientos permitieron a los marineros mover sus barcos a través de los océanos y, sin ellos, sus viajes serían lentos y difíciles.

Antes de la llegada de los motores y los barcos motorizados, los marineros dependían completamente del poder del viento para mover sus barcos. Aprendieron a navegar por los océanos del mundo estudiando los patrones de viento, las corrientes y los sistemas meteorológicos. Sabían qué vientos usar para viajar en ciertas direcciones, y también sabían cuándo evitar ciertos vientos que podrían ser peligrosos.

Los patrones de viento eran particularmente importantes para los marineros que realizaban viajes largos, como los famosos exploradores que viajaron por el mundo durante la Era de la Exploración. Estos marineros necesitaban saber cómo navegar a través de vastos océanos, y los patrones de viento fueron cruciales para su éxito. A menudo esperaban que soplaran ciertos vientos en una dirección particular antes de zarpar, y ajustaban sus velas para atrapar el viento y hacer avanzar sus barcos.

En resumen, los vientos fueron muy valorados por los primeros exploradores porque eran esenciales para sus viajes y, sin ellos, sus expediciones habrían sido lentas y difíciles. Su conocimiento de los patrones del viento les permitió navegar por los océanos del mundo y hacer descubrimientos importantes que darían forma al curso de la historia humana.

¿Qué es el ozono y por qué deberíamos preocuparnos por un agujero en él?

El ozono (O3) es una molécula formada por tres átomos de oxígeno. Está presente en la atmósfera de la Tierra y juega un papel vital en la protección del planeta de la dañina radiación ultravioleta (UV) del sol. El ozono se concentra en una capa de la atmósfera llamada capa de ozono, que se encuentra entre unos 10 y 50 kilómetros (6 a 30 millas) sobre la superficie de la Tierra.

La capa de ozono absorbe la mayor parte de la radiación UV, impidiendo que llegue a la superficie de la Tierra, donde puede causar cáncer de piel, cataratas y otros problemas de salud. La radiación ultravioleta también puede dañar la vida vegetal y animal, así como afectar el clima de la Tierra.

En la década de 1980, los científicos descubrieron un adelgazamiento de la capa de ozono sobre la Antártida, lo que se conoció como el agujero de ozono. El agujero de ozono es causado por la liberación de sustancias químicas artificiales llamadas clorofluorocarbonos (CFC) a la atmósfera. Los CFC se usaban ampliamente en refrigerantes, acondicionadores de aire y aerosoles.

Una vez liberados a la atmósfera, los CFC ascienden y finalmente llegan a la capa de ozono, donde reaccionan con la radiación ultravioleta y descomponen las moléculas de ozono. Este proceso hace que la capa de ozono se adelgace, lo que conduce a la formación del agujero de ozono.

El adelgazamiento de la capa de ozono es una preocupación importante porque aumenta la cantidad de radiación ultravioleta que llega a la superficie de la Tierra, lo que puede tener efectos nocivos para la salud humana, los ecosistemas y la agricultura. Para abordar el problema, los países de todo el mundo acordaron el Protocolo de Montreal en 1987, que eliminó la producción y el uso de CFC y otras sustancias que agotan la capa de ozono. Gracias a este acuerdo global, la capa de ozono ha comenzado a recuperarse, pero aún es frágil y se necesitan esfuerzos continuos para protegerla.

¿Qué causa el cambio en el clima?

Hay una variedad de factores que pueden causar cambios en el clima, que incluyen:

1. Cambios en la presión del aire: las diferencias de presión del aire pueden hacer que soplen los vientos, lo que provoca cambios en la temperatura y la precipitación.

2. Corrientes oceánicas: el movimiento de las corrientes oceánicas puede afectar la temperatura y el contenido de humedad del aire, lo que luego puede afectar los patrones climáticos.

3. Latitud y altitud: a medida que te desplazas hacia el norte o el sur del ecuador, o a medida que avanzas hacia altitudes más altas, la cantidad de luz solar y la temperatura pueden cambiar, lo que afecta el clima.

4. Accidentes geográficos: las montañas y otros accidentes geográficos pueden bloquear o redirigir el viento y afectar los patrones de precipitación.

5. Frentes: cuando dos masas de aire con diferentes temperaturas y niveles de

humedad chocan, pueden crear frentes que pueden causar tormentas y otros patrones climáticos.

6. Actividad humana: Las actividades humanas como la deforestación, la urbanización y las emisiones de gases de efecto invernadero pueden afectar los patrones climáticos al alterar la composición de la atmósfera y cambiar el clima de la Tierra.

En general, el clima es un sistema complejo y dinámico, y los cambios pueden resultar de una combinación de estos factores y otros.

¿Cómo se hacen las predicciones meteorológicas?

Las predicciones meteorológicas se realizan mediante una combinación de observaciones de las condiciones meteorológicas actuales y modelos informáticos que simulan cómo evolucionará la atmósfera en el futuro. Aquí hay una descripción general del proceso:

1. Recopilación de datos: las observaciones de las condiciones climáticas actuales se

recopilan de varias fuentes, como estaciones meteorológicas, satélites, radares y globos meteorológicos.

2. Análisis de datos: los meteorólogos utilizan modelos informáticos para analizar los datos y crear una imagen del estado actual de la atmósfera. Buscan patrones y tendencias en los datos para identificar sistemas meteorológicos y hacer predicciones.

3. Modelado: los modelos meteorológicos utilizan ecuaciones matemáticas complejas para simular el comportamiento de la atmósfera a lo largo del tiempo. Estos modelos tienen en cuenta variables como la temperatura, la presión, la humedad y la velocidad y dirección del viento.

4. Pronóstico: los meteorólogos usan los resultados de los modelos, junto con su propia experiencia, para hacer predicciones sobre las condiciones climáticas futuras. Crean pronósticos para diferentes regiones y períodos de tiempo, que van desde horas hasta días o incluso semanas.

5. Verificación: una vez que se hace el pronóstico, los meteorólogos continúan monitoreando las condiciones climáticas para ver qué tan bien sus predicciones coinciden con la realidad. Esto les permite refinar sus modelos y mejorar la precisión de los pronósticos futuros.

En general, las predicciones meteorológicas son un proceso complejo y continuo que combina la recopilación de datos, el análisis, el modelado y la previsión. Al refinar constantemente sus métodos y mejorar su comprensión de la atmósfera, los meteorólogos pueden proporcionar predicciones meteorológicas cada vez más precisas.

¿Qué trae el clima peligroso?

El clima peligroso puede ser provocado por una variedad de factores, incluidos los patrones climáticos naturales, el cambio climático inducido por el hombre y las condiciones ambientales locales. Algunos de los factores más comunes que contribuyen al clima peligroso incluyen:

1. Inestabilidad Atmosférica: Cuando hay una diferencia significativa en la temperatura y la humedad entre las

diferentes capas de la atmósfera, puede crear inestabilidad que conduce a la formación de tormentas eléctricas, tornados y otros fenómenos meteorológicos severos.

2. Humedad atmosférica: la cantidad de humedad en la atmósfera también puede desempeñar un papel en el desarrollo de condiciones meteorológicas peligrosas, como huracanes, tormentas tropicales e inundaciones.

3. Vientos fuertes: Los vientos fuertes pueden causar daños y destrucción por sí mismos, pero también pueden intensificar los efectos de otros tipos de fenómenos meteorológicos, como huracanes e incendios forestales.

4. Topografía: las características locales del terreno, como montañas y valles, pueden hacer que los patrones climáticos queden atrapados y se intensifiquen, lo que lleva a la formación de fenómenos meteorológicos peligrosos.

5. Cambio climático: el cambio climático inducido por el hombre está

contribuyendo a fenómenos meteorológicos más frecuentes y severos, como olas de calor , sequías y tormentas intensas.

6. Patrones climáticos naturales: Los patrones climáticos naturales, como El Niño y La Niña, también pueden afectar las condiciones climáticas y provocar fenómenos meteorológicos peligrosos.

¿Qué son exactamente los cambios climáticos temporales?

Los cambios climáticos temporales se refieren a fluctuaciones a corto plazo en los patrones climáticos que ocurren durante un período de años o décadas. Estas fluctuaciones pueden ser causadas por varios factores, como cambios en las corrientes oceánicas, erupciones volcánicas o variaciones en la salida del sol.

Un ejemplo de un cambio climático temporal es El Niño y La Niña, que son patrones climáticos naturales que ocurren en el Océano Pacífico. Durante un evento de El Niño, las aguas superficiales del Océano Pacífico oriental se calientan más de lo normal, lo que puede provocar sequías en algunas regiones e inundaciones en otras. Por el contrario, durante un evento de La Niña, las aguas superficiales del Océano Pacífico oriental se vuelven más frías de lo normal, lo que puede provocar un aumento de las precipitaciones en algunas áreas y sequías en otras.

Otros ejemplos de cambios climáticos temporales incluyen los efectos de las erupciones volcánicas, que pueden liberar grandes cantidades de dióxido de azufre y otros gases a la atmósfera, provocando un enfriamiento a corto plazo del planeta. De manera similar, las variaciones en la producción solar pueden causar fluctuaciones temporales en las temperaturas globales.

Si bien los cambios climáticos temporales pueden tener impactos significativos en los patrones climáticos y los ecosistemas, son distintos del cambio climático a largo plazo, que se refiere al calentamiento gradual del planeta debido a actividades humanas como la quema de combustibles fósiles y la deforestación .

¿Cómo ha cambiado el clima en la Tierra?

El clima de la Tierra ha cambiado significativamente a lo largo del tiempo, con fluctuaciones que ocurren tanto en escalas de tiempo largas como cortas. Estos son algunos de los cambios más significativos en el clima de la Tierra que se han producido a lo largo del tiempo:

1. Edades de Hielo: La Tierra ha experimentado varias edades de hielo en el pasado, durante las cuales gran parte del planeta estuvo cubierta de hielo. La última glaciación ocurrió hace entre 110 000 y 12 000 años, y durante este tiempo, los glaciares cubrieron gran parte de América del Norte, Europa y Asia.

2. Efecto Invernadero: El clima de la Tierra se ha visto afectado por el efecto invernadero, que es causado por la acumulación de gases de efecto invernadero en la atmósfera. Esto ha llevado a un aumento de las temperaturas globales, lo que se conoce como calentamiento global. El gas de

efecto invernadero más importante es el dióxido de carbono, que se libera a la atmósfera al quemar combustibles fósiles.

3. Aumento del nivel del mar: a medida que aumentan las temperaturas globales, los casquetes polares han comenzado a derretirse, lo que hace que aumente el nivel del mar. Esto ha provocado inundaciones en áreas bajas y representa una amenaza significativa para las ciudades y comunidades costeras.

4. Clima extremo: el clima de la Tierra se ha vuelto más impredecible, con eventos climáticos más frecuentes y severos, como huracanes, sequías, inundaciones e incendios forestales. Estos eventos pueden causar daños significativos a la propiedad, la infraestructura y la vida humana.

5. Acidificación de los océanos: a medida que aumenta la concentración de dióxido de carbono en la atmósfera, los océanos se vuelven más ácidos. Esto tiene un efecto perjudicial sobre la vida marina, especialmente aquellas con

caparazones o esqueletos hechos de carbonato de calcio.

En general, el clima de la Tierra cambia continuamente y estos cambios están influenciados por una variedad de factores, que incluyen la actividad humana, los procesos naturales y las fuerzas externas, como la radiación solar. Es fundamental comprender estos cambios y tomar medidas para mitigar su impacto en el planeta y sus habitantes.

¿Qué desencadena el calentamiento global?

El calentamiento global se desencadena principalmente por un aumento en la concentración de gases de efecto invernadero (GEI) en la atmósfera. Estos gases, incluidos el dióxido de carbono, el metano y el vapor de agua, atrapan el calor en la atmósfera y evitan que se escape al espacio, lo que provoca un calentamiento de la superficie de la Tierra.

El principal impulsor del aumento de los GEI son las actividades humanas, como la quema de combustibles fósiles como el carbón, el petróleo y el gas, así como la deforestación, la agricultura y otros cambios en el uso de la tierra. Estas actividades liberan grandes cantidades de dióxido de carbono y otros GEI a la atmósfera, lo que provoca un aumento de sus concentraciones.

Otros factores que pueden contribuir al calentamiento global incluyen factores naturales como erupciones volcánicas, cambios en la radiación solar y variaciones en la órbita de la Tierra, pero estos se consideran menos significativos que las actividades humanas para impulsar la tendencia reciente y actual del calentamiento global.

Capítulo 4: Hidrosfera

La hidrosfera se refiere a toda el agua en la Tierra, incluidos los océanos, lagos, ríos, aguas subterráneas y vapor de agua atmosférico. Es una de las cuatro partes interconectadas del sistema de la Tierra, junto con la atmósfera, la biosfera y la geosfera.

La hidrosfera juega un papel crucial en la regulación del clima de la Tierra y el apoyo a la vida en nuestro planeta. El agua en los océanos y la atmósfera ayuda a absorber y distribuir la radiación solar, y el vapor de agua en la atmósfera contribuye al efecto invernadero que mantiene la Tierra lo suficientemente caliente como para sustentar la vida.

La hidrosfera también juega un papel vital en el ciclo del agua, que implica el movimiento del agua entre los océanos, la atmósfera y la tierra. Este ciclo ayuda a distribuir el agua por todo el planeta y sustentar los ecosistemas, así como proporcionar agua dulce para uso humano.

Las actividades humanas como la contaminación, el uso excesivo y el cambio climático están afectando la hidrosfera, con consecuencias potencialmente significativas para el planeta y sus habitantes. Por lo tanto, es esencial gestionar la hidrosfera de manera sostenible para garantizar su salud y funcionamiento continuos.

¿Por qué la mayor parte del agua de la Tierra no es potable?

La mayor parte del agua en la Tierra no es potable porque es salada o está contaminada con contaminantes, lo que la hace insegura para el consumo humano. Alrededor del 97% del agua de la Tierra se encuentra en los océanos y es demasiado salada para que los humanos la beban sin desalinizarla primero. El 3% restante del agua es agua dulce, pero dos tercios están congelados en glaciares y casquetes polares, dejando solo una pequeña fracción disponible para uso humano.

Además, incluso el agua dulce que está disponible a menudo está contaminada con varios contaminantes, incluidos productos químicos, microorganismos y productos de desecho, lo que hace que no sea seguro beberla sin tratamiento. Esta contaminación puede provenir de fuentes naturales o actividades humanas, como prácticas industriales y agrícolas, eliminación de desechos y escorrentía urbana.

Por lo tanto, el acceso al agua potable segura es un problema importante en muchas partes del mundo, y se están realizando esfuerzos para mejorar las prácticas de tratamiento y conservación del agua para garantizar que las personas tengan acceso a agua limpia y segura.

¿Cómo se usa el agua?

El agua se utiliza de diversas maneras, tanto en el ámbito doméstico como en el industrial. Estos son algunos de los usos más comunes del agua:

1. Beber y cocinar: El agua es un recurso esencial para la supervivencia humana y se utiliza para beber y cocinar.

2. Limpieza: El agua se utiliza para limpiar diversas superficies, como platos, pisos y ropa.

3. Baño e higiene personal: El agua se utiliza para bañarse, ducharse y otras actividades de higiene personal, como lavarse las manos y cepillarse los dientes.

4. Riego: El agua se utiliza para el riego de plantas y cultivos, especialmente en la agricultura.

5. Procesos industriales: el agua se utiliza en una amplia gama de procesos industriales, incluida la fabricación, la refrigeración de maquinaria y la generación de electricidad.

6. Recreación: El agua se utiliza para actividades recreativas como nadar, navegar y pescar.

7. Transporte: El agua se utiliza como medio de transporte, incluido el transporte marítimo y el transbordador.

8. Extinción de incendios: El agua es utilizada por los bomberos para apagar incendios.

En general, el agua es un recurso increíblemente importante que es esencial para nuestra vida diaria y para muchos procesos industriales. Es importante usar el agua de manera responsable y conservarla siempre que sea posible.

¿Cómo contaminan el agua los animales y las personas?

Tanto los animales como las personas pueden contribuir a la contaminación del agua de diversas formas:

1. Desechos animales: El ganado y la vida silvestre pueden producir grandes cantidades de desechos que pueden ser arrastrados a los cuerpos de agua por la lluvia u otras formas de precipitación.

2. Escorrentía agrícola: Los fertilizantes y pesticidas utilizados en la agricultura pueden filtrarse en los cuerpos de agua cercanos y causar contaminación.

3. Residuos industriales: Los procesos industriales pueden generar productos de desecho que son vertidos en cuerpos de agua.

4. Aguas residuales: Las aguas residuales humanas pueden contener bacterias dañinas, virus y otros contaminantes que pueden contaminar el agua.

5. Derrames de petróleo: Los derrames accidentales de petróleo u otros productos derivados del petróleo pueden contaminar los cuerpos de agua y dañar la vida acuática.

6. Basura: La basura y la basura que no se eliminan adecuadamente pueden terminar en cuerpos de agua y dañar la vida acuática.

7. Productos químicos domésticos: Los productos químicos domésticos, como productos de limpieza, pinturas y disolventes, pueden desecharse de manera inadecuada y terminar en cuerpos de agua.

Todas estas fuentes de contaminación pueden dañar la vida acuática, afectar la calidad del agua y crear peligros para la salud de las personas que usan el agua para beber, recrearse u otros fines.

¿Qué distingue al H2O?

H2O es una plataforma distribuida, en memoria y de código abierto para el aprendizaje automático y el análisis predictivo. Aquí hay algunas cosas que distinguen a H2O:

1. Velocidad: H2O está diseñado para ser muy rápido y eficiente, con la capacidad de procesar grandes conjuntos de datos en la memoria y paralelizar el cálculo en varios núcleos.

2. Escalabilidad: H2O está diseñado para ser escalable y puede ejecutarse en grupos de computadoras, lo que le permite procesar grandes conjuntos de datos con facilidad.

3. Flexibilidad: H2O es compatible con una amplia variedad de algoritmos de aprendizaje automático, incluidos el aprendizaje profundo, la mejora de gradientes y los modelos lineales generalizados. También es compatible con una variedad de fuentes de datos, incluidas las bases de datos HDFS, S3 y SQL.

4. Facilidad de uso: H2O está diseñado para ser fácil de usar, con una interfaz web fácil de usar y API para varios lenguajes de programación, incluidos R, Python y Java.

5. Código abierto: H2O es un software de código abierto, lo que significa que cualquiera puede usarlo y contribuir a su desarrollo.

En general, H2O es una plataforma potente y flexible para el aprendizaje automático y el análisis predictivo que ofrece alta velocidad, escalabilidad y facilidad de uso.

Un ecosistema de agua dulce: ¿qué es?

Un ecosistema de agua dulce es un tipo de ecosistema que incluye todos los componentes vivos y no vivos de un cuerpo de agua que contiene agua dulce, como un lago, estanque, río, arroyo o humedal. Estos ecosistemas se caracterizan por su contenido de sal relativamente bajo y albergan una amplia gama de organismos que se han adaptado a vivir en hábitats de agua dulce.

Los ecosistemas de agua dulce son esenciales para la supervivencia de muchas especies de plantas y animales, incluidos peces, anfibios, reptiles, aves y mamíferos. Estos ecosistemas también brindan importantes servicios a los humanos, como agua potable, riego y oportunidades recreativas.

Algunos de los componentes clave de los ecosistemas de agua dulce incluyen:

- Factores abióticos: estos incluyen la temperatura del agua, el pH, los niveles de oxígeno disuelto, la disponibilidad de nutrientes y el flujo de agua, todos los cuales tienen un impacto en los organismos que viven en el ecosistema.

- Factores bióticos: Estos incluyen las plantas y los animales que habitan el ecosistema, desde el plancton microscópico hasta los peces y mamíferos más grandes.

- Características del hábitat: incluyen las características físicas del cuerpo de agua, como su profundidad, la estructura de la costa y la composición del sustrato, así como la presencia de vegetación y otras características naturales.

En general, los ecosistemas de agua dulce son sistemas complejos y dinámicos que desempeñan un papel fundamental en el mantenimiento de la salud de los ecosistemas de nuestro planeta y en el apoyo a la diversidad de la vida en la Tierra.

¿Había agua en la Tierra antes?

Sí, se cree que el agua ha estado presente en la Tierra desde muy temprano en su formación. La teoría predominante es que cometas y asteroides llevaron agua a la Tierra durante el período de formación del planeta, hace aproximadamente 4.600 millones de años. A medida que el planeta se enfriaba y su atmósfera se desarrollaba, el vapor de agua se condensaba y formaba océanos en la superficie. Con el tiempo, estos océanos se convirtieron en la fuente de vida en la Tierra y el ciclo del agua ayudó a dar forma a la geología y el clima del planeta. Hoy en día, a menudo se llama a la Tierra el "planeta azul" debido a la abundancia de agua en su superficie.

¿Qué hace que el agua del océano se agite?

El agua del océano se agita y se mueve por una variedad de factores, que incluyen:

1. Viento: El factor más importante que hace que el agua del océano se agite es el viento. Cuando los vientos fuertes soplan sobre la superficie del océano, crean olas y corrientes que pueden mover el agua por miles de millas.

2. Mareas: Las mareas son otro factor importante que hace que el agua del océano se agite. Las mareas son causadas por la atracción gravitatoria de la luna y el sol sobre los océanos de la Tierra. Esta fuerza gravitatoria crea un movimiento rítmico del agua, que puede provocar corrientes y olas.

3. Temperatura y salinidad: la temperatura y la salinidad del agua del océano también pueden hacer que se agite. Las diferencias de temperatura y salinidad pueden crear diferencias de densidad en el agua, lo que puede conducir a la formación de corrientes y remolinos.

4. Corrientes submarinas: Las corrientes submarinas, como la Corriente del Golfo, también pueden hacer que el agua del océano se agite. Estas corrientes pueden mover el agua alrededor del mundo y tener un impacto significativo en el clima de la Tierra.

5. Topografía del fondo marino: la forma y los contornos del fondo marino también pueden hacer que el agua del océano se agite. Estas características pueden crear áreas de afloramiento o afloramiento, lo que puede dar lugar a la formación de corrientes y remolinos.

En general, una combinación de estos factores y otros trabajan juntos para agitar el agua del océano, creando el sistema complejo y dinámico que observamos hoy.

Capítulo 5: Gente y Planeta

"Personas y Planeta" es una frase que destaca la relación de interdependencia entre los seres humanos y el mundo natural. Enfatiza la importancia de proteger el medio ambiente y preservar sus recursos en beneficio de las generaciones presentes y futuras.

El concepto de "Gente y Planeta" reconoce que las actividades humanas tienen un impacto significativo en el mundo natural y que el desarrollo sostenible requiere un equilibrio entre las consideraciones económicas, sociales y ambientales. También reconoce que la degradación ambiental y el cambio climático afectan de manera desproporcionada a las poblaciones vulnerables y pueden exacerbar las desigualdades existentes.

Los esfuerzos para promover "La gente y el planeta" incluyen la conservación y restauración de los ecosistemas, la reducción de las emisiones de gases de efecto invernadero, la promoción del uso sostenible de los recursos y la gestión de desechos, y el apoyo a políticas y prácticas que promuevan la equidad social y económica.

¿De qué nuevas formas los desarrollos técnicos promueven el conocimiento humano?

Hay varias formas en que los desarrollos técnicos promueven el conocimiento humano:

1. Acceso a la información: los desarrollos técnicos como Internet, los motores de búsqueda y las plataformas de redes sociales han facilitado más que nunca el acceso a la información desde cualquier parte del mundo. Esto permite que las personas aprendan sobre diferentes culturas, ideas y perspectivas, lo que puede ampliar su conocimiento y comprensión del mundo.

2. Análisis de datos: con el avance del análisis de big data, los investigadores ahora pueden analizar grandes cantidades de datos para identificar patrones y tendencias que antes eran imposibles de detectar. Esto ha llevado a nuevos conocimientos y descubrimientos en campos como la medicina, las ciencias sociales y las ciencias ambientales.

3. Colaboración: con la ayuda de la tecnología, personas de diferentes partes del mundo pueden colaborar en proyectos de investigación, compartir ideas y trabajar juntas para resolver problemas complejos. Esto ha llevado al desarrollo de nuevas tecnologías, como la inteligencia artificial y la cadena de bloques , que pueden tener impactos significativos en varias industrias.

4. Educación: La tecnología ha revolucionado la educación, haciéndola más accesible y personalizada. Con el auge de las plataformas de aprendizaje electrónico y las aplicaciones educativas, las personas ahora pueden aprender a su propio ritmo y desde cualquier parte del mundo. Esto ha democratizado la educación, haciendo posible que cualquier persona adquiera conocimientos y habilidades sin importar su ubicación o estatus socioeconómico.

5. Comunicación: los avances en la tecnología de la comunicación, como las videoconferencias y las aplicaciones de mensajería, han facilitado que las personas se comuniquen entre sí en

diferentes idiomas y culturas. Esto ha facilitado el intercambio de ideas y conocimientos, lo que puede conducir a nuevos descubrimientos e innovaciones.

¿Cómo se comparan los sismólogos y los médicos?

Los sismólogos y los médicos son dos profesiones bastante diferentes en su enfoque y ámbito de trabajo, pero comparten algunas similitudes en el enfoque de sus respectivos campos.

Los sismólogos son científicos que estudian los terremotos y las ondas sísmicas para comprender mejor la estructura, la composición y la dinámica de la Tierra. Utilizan una variedad de herramientas y técnicas, incluidos sismómetros, simulaciones por computadora y observaciones de campo, para analizar datos sísmicos y desarrollar modelos de actividad sísmica. Los médicos, por otro lado, son profesionales de la salud que diagnostican y tratan enfermedades y lesiones en las personas. Utilizan una variedad de herramientas y técnicas, que incluyen imágenes médicas, pruebas de laboratorio y exámenes físicos, para evaluar la salud de un paciente y desarrollar un plan de tratamiento.

A pesar de estas diferencias, tanto los sismólogos como los médicos se basan en métodos científicos para realizar observaciones, recopilar datos y analizar información. Ambas profesiones también requieren una sólida comprensión de las matemáticas, la física y otras ciencias, así como la capacidad de comunicar ideas complejas a una variedad de audiencias.

Otra similitud entre los sismólogos y los médicos es la importancia de la colaboración y los enfoques interdisciplinarios. Los sismólogos a menudo trabajan con otros científicos, como geofísicos, geólogos y científicos atmosféricos, para comprender mejor los sistemas de la Tierra. De manera similar, los médicos a menudo trabajan en equipos con otros profesionales de la salud, como enfermeras, farmacéuticos y fisioterapeutas, para brindar una atención integral a los pacientes.

En resumen, si bien existen diferencias significativas entre los sismólogos y los médicos en términos de sus áreas de especialización y trabajo diario, ambas profesiones comparten el compromiso de usar métodos científicos para comprender sistemas complejos y la voluntad de colaborar con otros para lograr su objetivo.

¿La próxima batalla será alimentada por agua?

Como modelo de lenguaje de IA, no tengo la capacidad de predecir el futuro con certeza. Sin embargo, es posible que el agua desempeñe un papel en futuros conflictos, especialmente porque la escasez de agua se convierte en un problema más apremiante en muchas partes del mundo. La competencia por el acceso a los recursos de agua limpia podría conducir potencialmente a conflictos entre países o incluso dentro de los países. Es importante que los gobiernos y las personas trabajen hacia prácticas sostenibles de gestión del agua y soluciones cooperativas para evitar que surjan tales conflictos.

El agua y el suelo son recursos renovables.

El agua y el suelo son recursos naturales, pero tienen diferentes niveles de renovabilidad.

El agua es un recurso renovable porque se renueva continuamente a través del ciclo del agua, que implica la evaporación del agua de los cuerpos de agua, la condensación del vapor de agua en las nubes y la precipitación del agua en forma de lluvia, nieve o aguanieve. Sin embargo, la disponibilidad de agua dulce es limitada y puede estar contaminada o contaminada, haciéndola inutilizable.

El suelo, por otro lado, no es completamente renovable. Si bien la formación del suelo es un proceso natural que ocurre durante siglos, puede erosionarse o agotarse mucho más rápido de lo que se crea. Las actividades humanas como la deforestación, la agricultura intensiva y la urbanización pueden contribuir a la erosión, degradación y pérdida del suelo, reduciendo la cantidad de suelo fértil disponible para la agricultura y otros usos. La restauración del suelo es posible, pero puede llevar tiempo y esfuerzo.

Por lo tanto, si bien el agua es un recurso renovable, su disponibilidad y calidad aún pueden verse afectadas por las actividades humanas, mientras que el suelo, aunque es renovable, puede dañarse o agotarse más rápidamente de lo que se repone.

¿Cómo afectará la remoción de la represa Elwha al ecosistema de agua dulce río arriba?

Se espera que la remoción de la represa Elwha, que se completó en 2014, tenga impactos positivos significativos en el ecosistema de agua dulce aguas arriba del río Elwha en el estado de Washington , EE. UU.

Antes de la eliminación de la presa, el río Elwha había estado represado durante más de 100 años, lo que afectó gravemente al ecosistema del río. La represa bloqueó la migración de peces e impidió el transporte natural de sedimentos río abajo, lo que alteró la hidrología del río y degradó el hábitat de peces y otras especies acuáticas.

La eliminación de la presa ha permitido que especies de peces como el salmón y la trucha arcoíris accedan a hábitats de desove río arriba que antes eran inaccesibles. Esto ha llevado a un aumento de las poblaciones de peces, lo que proporciona alimento a los depredadores y ayuda a mantener un ecosistema saludable. Además, el transporte natural de sedimentos río abajo ha ayudado a restaurar el hábitat de los peces y otras especies acuáticas, lo que ha mejorado la calidad del agua y ha aumentado la disponibilidad de alimento y refugio.

Además de estos beneficios ecológicos, la eliminación de la presa Elwha también ha tenido un significado cultural para la tribu Lower Elwha Klallam , que ha vivido a lo largo del río Elwha durante miles de años. La remoción de la represa ha permitido a la tribu recuperar áreas del río que históricamente fueron importantes para las prácticas culturales y espirituales.

En general, la eliminación de la represa Elwha ha tenido impactos positivos significativos en el ecosistema de agua dulce aguas arriba, incluidas mejoras en la calidad del agua, aumento de las poblaciones de peces y restauración del hábitat de las especies acuáticas.

¿Qué evidencia ofrece la ciencia para apoyar el tema de cómo se utilizan los recursos de la Tierra?

La ciencia ofrece una gran cantidad de evidencia para respaldar el tema de cómo se utilizan los recursos de la Tierra. Algunas de las piezas clave de evidencia incluyen:

1. Agotamiento de los recursos naturales: la ciencia ha demostrado que muchos recursos naturales, como el petróleo, el gas y el carbón, son finitos y se están agotando a un ritmo acelerado. Esto se debe a la creciente demanda de estos recursos a medida que la población mundial continúa creciendo e industrializándose.

2. Cambio climático: la ciencia ha demostrado que la actividad humana, como la quema de combustibles fósiles, es uno de los principales contribuyentes al cambio climático. El uso de recursos naturales, como el carbón y el petróleo, libera grandes cantidades de gases de efecto invernadero a la atmósfera, que atrapan el calor y contribuyen al calentamiento global.

3. Contaminación y degradación ambiental: la ciencia también ha demostrado que la forma en que usamos los recursos puede tener un impacto significativo en el medio ambiente, lo que lleva a la contaminación y degradación de los hábitats naturales. Por ejemplo, el uso de pesticidas en la agricultura puede

provocar la contaminación del suelo y el agua, mientras que la deforestación puede provocar la pérdida de biodiversidad y la erosión del suelo.

4. Gestión sostenible de los recursos: la ciencia ha desarrollado muchas técnicas y estrategias para gestionar los recursos de forma sostenible, como el reciclaje, el uso de fuentes de energía renovables y la reducción de residuos. Estos enfoques pueden ayudar a reducir el impacto negativo del uso de recursos en el medio ambiente y garantizar que los recursos estén disponibles para las generaciones futuras.

En general, la ciencia proporciona una gran cantidad de evidencia para respaldar la importancia de administrar los recursos de la Tierra de manera sostenible y responsable, tanto para la salud del planeta como para el bienestar de las sociedades humanas.

¿Podemos anticiparnos a los desastres naturales?

Si bien es imposible predecir los desastres naturales con total precisión, podemos anticiparlos hasta cierto punto utilizando una variedad de métodos. Aquí hay unos ejemplos:

1. Monitoreo: los científicos monitorean los fenómenos naturales, como la actividad sísmica, los cambios en la presión atmosférica y los patrones de temperatura. Estos datos se pueden utilizar para predecir desastres naturales como terremotos, tsunamis, huracanes y tornados.

2. Datos históricos: mediante el análisis de datos históricos, podemos identificar patrones y tendencias en los desastres naturales. Por ejemplo, sabemos que los huracanes tienden a ocurrir durante ciertas épocas del año, por lo que podemos anticiparnos y prepararnos para ellos en consecuencia.

3. Sistemas de alerta temprana: muchos países han implementado sistemas de alerta temprana que utilizan datos de estaciones de monitoreo para alertar a las personas sobre un desastre inminente. Por ejemplo, un sistema de alerta de tsunamis puede detectar terremotos submarinos y enviar una alerta a las personas que viven en el área potencialmente afectada.

4. Evaluaciones de riesgo: los gobiernos y las organizaciones pueden realizar evaluaciones de riesgo para determinar la probabilidad de que ocurra un desastre natural en un área determinada. Esta información se puede utilizar para desarrollar planes de emergencia y estrategias de evacuación.

Si bien es posible que no podamos prevenir los desastres naturales, anticiparlos puede darnos tiempo para prepararnos y potencialmente salvar vidas.

¿Qué origen tiene una ola de calor?

Una ola de calor es un período prolongado de clima excesivamente caluroso, que puede ir acompañado de altos niveles de humedad. Las olas de calor generalmente son causadas por una combinación de condiciones atmosféricas, incluidos sistemas de alta presión, cielos despejados y bajas velocidades del viento, que permiten la acumulación de calor y humedad en una región.

Las olas de calor también pueden verse exacerbadas por las actividades humanas, como el efecto isla de calor urbano, que es causado por la absorción de calor por parte de los edificios y el pavimento de las ciudades. También se espera que el cambio climático contribuya a olas de calor más frecuentes e intensas en muchas partes del mundo, ya que el aumento de las temperaturas globales crea condiciones más favorables para que ocurran olas de calor.

Describir un tsunami.

Un tsunami es una serie de olas oceánicas causadas por perturbaciones a gran escala del océano, como terremotos, erupciones volcánicas, deslizamientos de tierra o impactos de meteoritos. Estas olas pueden viajar a velocidades extremadamente altas a través de grandes distancias en el océano, a veces alcanzando alturas de 100 pies o más cuando se acercan a la costa.

Los tsunamis son diferentes de las olas oceánicas normales porque no son causados por el viento o las mareas, sino por el desplazamiento del agua causado por una perturbación a gran escala. Pueden viajar a velocidades de hasta 600 millas por hora en aguas profundas del océano, y sus longitudes de onda pueden ser de cientos de millas. A medida que se acercan a la costa, las aguas poco profundas hacen que las olas se desaceleren y aumenten de altura, lo que puede provocar inundaciones y destrucción catastróficas.

Los tsunamis pueden ser devastadores para las comunidades costeras, causando la pérdida de vidas y grandes daños a la infraestructura y la propiedad. Se han desarrollado sistemas de alerta para ayudar a las comunidades costeras a prepararse para la posibilidad de un tsunami, incluidos sistemas de alerta temprana y planes de evacuación.

¿Qué actividades humanas influyen en la frecuencia y gravedad de los peligros naturales?

Las actividades humanas pueden tener un impacto significativo en la frecuencia y gravedad de los peligros naturales. Algunas de las principales actividades humanas que pueden influir en los peligros naturales incluyen:

1. Cambios en el uso de la tierra: cuando los humanos alteran los patrones de uso de la tierra, como la deforestación o la urbanización, pueden cambiar el paisaje natural y aumentar el riesgo de peligros

naturales como deslizamientos de tierra, inundaciones e incendios forestales.

2. Cambio climático: las actividades humanas, como la quema de combustibles fósiles, pueden provocar un aumento de los gases de efecto invernadero y el cambio climático, lo que puede provocar fenómenos meteorológicos extremos, como huracanes, olas de calor y sequías.

3. Gestión del agua: la forma en que los seres humanos gestionan los recursos hídricos, como la construcción de presas y diques o la alteración de los cauces de los ríos, puede afectar la frecuencia y la gravedad de las inundaciones y las sequías.

4. Minería y extracción de recursos: La minería y la extracción de recursos pueden provocar hundimientos de la tierra, terremotos y erosión del suelo, lo que aumenta la probabilidad de desastres naturales.

5. Desarrollo de infraestructura: la construcción de infraestructura, como edificios, carreteras y puentes, puede alterar el flujo natural del agua y

aumentar el riesgo de inundaciones y deslizamientos de tierra.

6. Eliminación de desechos: la eliminación inadecuada de desechos puede conducir a la degradación ambiental, la contaminación del suelo y un mayor riesgo de deslizamientos de tierra.

En general, las actividades humanas pueden tener impactos significativos en la frecuencia y gravedad de los peligros naturales. Es esencial tomar medidas para mitigar estos impactos para reducir el riesgo para la vida humana y la propiedad.

¿Qué efecto tienen las personas en el ciclo del carbono?

Los humanos tienen un impacto significativo en el ciclo del carbono, principalmente a través de la quema de combustibles fósiles y los cambios en el uso de la tierra. El ciclo del carbono es un proceso natural en el que se intercambia dióxido de carbono (CO_2) entre la atmósfera, los océanos y los organismos vivos.

La quema de combustibles fósiles como el carbón, el petróleo y el gas natural libera grandes cantidades de dióxido de carbono a la atmósfera. Este exceso de CO_2 contribuye al efecto invernadero, atrapando el calor en la atmósfera y provocando el cambio climático global. Las actividades humanas también contribuyen a otros gases de efecto invernadero, como el metano y el óxido nitroso, que exacerban aún más el cambio climático.

Los cambios en el uso de la tierra, como la deforestación y la urbanización, también afectan el ciclo del carbono. Los árboles y las plantas absorben CO_2 de la atmósfera a través de la fotosíntesis y lo almacenan en su biomasa. La deforestación reduce la cantidad de carbono que se puede secuestrar en las plantas y el suelo, lo que lleva a un aumento de los niveles de CO_2 en la atmósfera.

Además de estos efectos directos en el ciclo del carbono, las actividades humanas también pueden afectar indirectamente a otras partes del ciclo del carbono. Por ejemplo, los cambios en los patrones de temperatura y precipitación pueden alterar la tasa de descomposición de la materia orgánica, afectando la liberación de carbono del suelo y otras fuentes. En general, las actividades humanas han tenido un impacto significativo en el ciclo del carbono y el clima de la Tierra, y abordar estos impactos será fundamental para mitigar los efectos del cambio climático.

¿Cómo los científicos mejoran consistentemente las predicciones de la ocurrencia de calamidades naturales utilizando la tecnología?

Los científicos utilizan una variedad de tecnologías y métodos para mejorar sus predicciones de calamidades naturales. Aquí hay unos ejemplos:

1. Monitoreo y modelado: los científicos utilizan tecnologías de monitoreo como sismómetros, imágenes satelitales y estaciones meteorológicas para recopilar datos sobre desastres naturales. Luego usan estos datos para crear modelos que simulan cómo ocurren las calamidades naturales y desarrollan algoritmos de predicción basados en los modelos. Estos modelos se actualizan y mejoran constantemente a medida que se dispone de más datos.

2. Aprendizaje automático: los científicos utilizan técnicas de aprendizaje automático para analizar grandes

conjuntos de datos e identificar patrones que pueden estar asociados con la ocurrencia de desastres naturales. Esto puede ayudarlos a desarrollar modelos predictivos más precisos.

3. Detección remota: las tecnologías de detección remota, como los drones y las imágenes satelitales, se pueden utilizar para recopilar datos sobre áreas de difícil acceso u observación. Estos datos se pueden utilizar para predecir desastres naturales con mayor precisión.

4. Sistemas de alerta temprana: los científicos utilizan sistemas de alerta temprana para alertar a las personas en áreas que están en riesgo de desastres naturales. Estos sistemas pueden usar una variedad de tecnologías, incluidos teléfonos móviles, sirenas y transmisiones de radio, para brindar advertencias e instrucciones oportunas.

5. Ciencia ciudadana: Los científicos a menudo involucran a científicos ciudadanos en sus esfuerzos por predecir desastres naturales. Esto puede incluir pedir a las personas que informen patrones climáticos inusuales o

actividad sísmica en su área, o usar datos de colaboración colectiva para mejorar los modelos predictivos.

En general, la mejora constante de las predicciones de calamidades naturales se basa en una combinación de recopilación de datos, modelado, aprendizaje automático y la participación de una amplia gama de partes interesadas. A medida que la tecnología continúa avanzando, es probable que los científicos desarrollen métodos nuevos y más efectivos para predecir desastres naturales.

¿Cuál es una de las carreras más peligrosas de la ciencia?

Una de las carreras científicas más peligrosas es probablemente el trabajo de campo en ecología o biología de la vida silvestre, particularmente para aquellos que trabajan con animales grandes y potencialmente agresivos. Esto puede incluir investigadores que estudian depredadores como leones, tigres y osos, así como también aquellos que estudian animales venenosos como serpientes, arañas y escorpiones.

Estos investigadores a menudo trabajan en áreas remotas o salvajes, con acceso limitado a instalaciones médicas o servicios de emergencia.

Pueden estar expuestos a condiciones climáticas extremas, terrenos peligrosos y otros peligros. Además, pueden estar en riesgo de contraer enfermedades de los animales que estudian o de otros factores ambientales.

Otras carreras científicas peligrosas incluyen aquellas que implican trabajar con materiales radiactivos o peligrosos, así como aquellas que implican el manejo de explosivos o el trabajo en entornos de alto riesgo como plataformas petrolíferas o buceo en aguas profundas.

¿Llueve durante un picnic?

Que llueva durante un picnic depende de las condiciones climáticas en el lugar donde se realiza el picnic. Es posible que llueva durante un picnic, especialmente si el picnic se lleva a cabo durante una temporada o en una región donde la lluvia es común. Sin embargo, también es posible que el clima esté despejado y soleado durante un picnic. Siempre es una buena idea consultar el pronóstico del tiempo antes de planificar un picnic y tener un plan de respaldo en caso de lluvia inesperada o mal tiempo.